NOTICE

SUR

L'EXPLOITATION DU FER

EN BELGIQUE,

ET SUR LA TORRÉFACTION DU BOIS;

PAR

M. A. DE BALASCHEFF,

Capitaine ingénieur russe.

PARIS,

CHEZ BACHELIER, LIBRAIRE,

QUAI DES AUGUSTINS, 55;

ET CHEZ L. MATHIAS (AUG.), QUAI MALAQUAIS, 15.

1841.

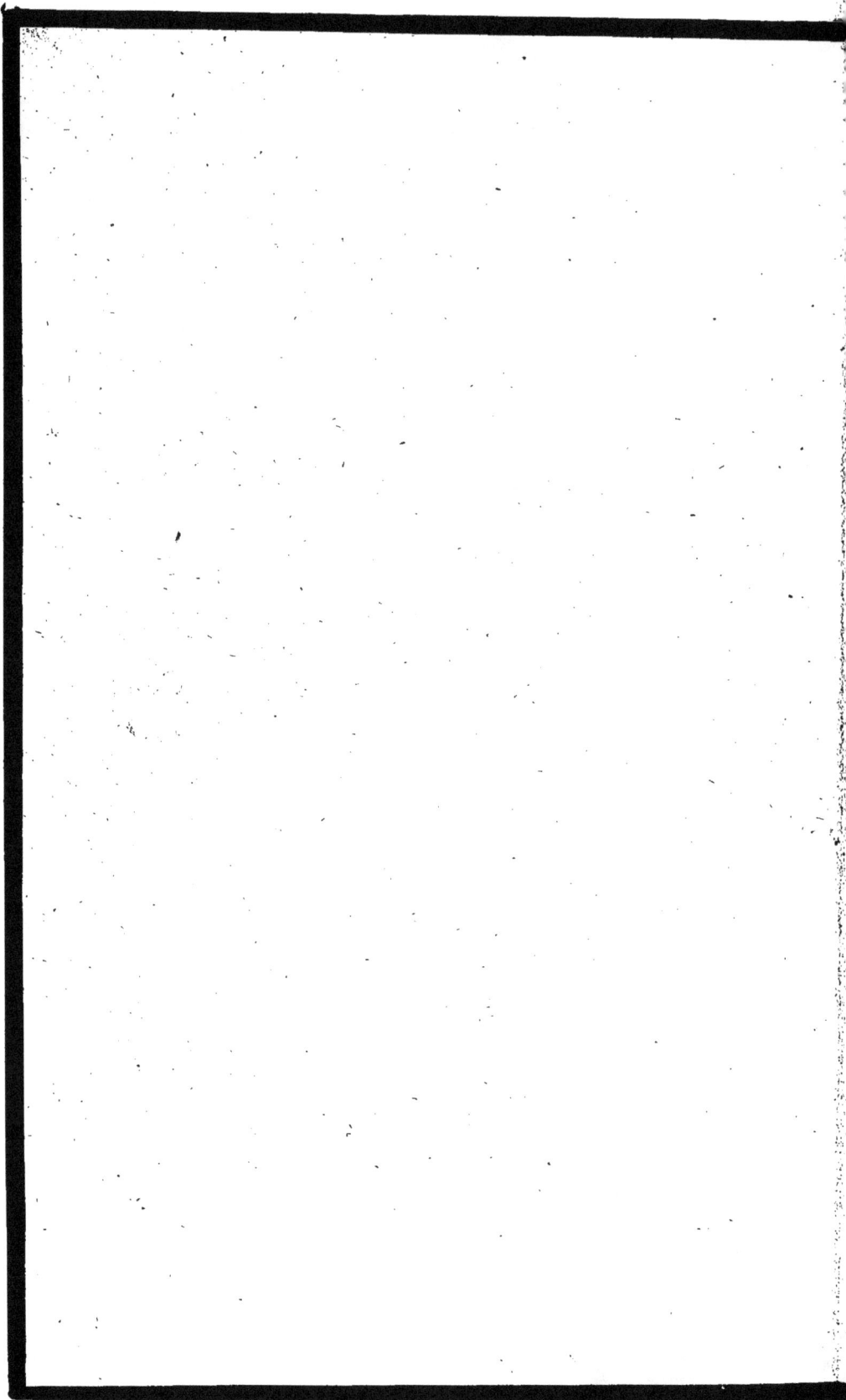

(C)

31239

NOTICE

SUR

L'EXPLOITATION DU FER

EN BELGIQUE,

ET SUR LA TORRÉFACTION DU BOIS,

PAR

M. A. DE BALASCHEFF,

Capitaine ingénieur russe.

PARIS,

CHEZ BACHELIER, LIBRAIRE,
QUAI DES AUGUSTINS, 55 ;

ET CHEZ L. MATHIAS (AUG.), QUAI MALAQUAIS, 15.

1841.

1

PARIS. — IMPRIMERIE DE BOURGOGNE ET MARTINET, RUE JACOB, 30.

NOTICE

sur

L'EXPLOITATION DU FER

EN BELGIQUE,

ET SUR LA TORRÉFACTION DU BOIS.

I

INTRODUCTION ET NOTIONS GÉNÉRALES.

En visitant la Belgique vers la fin de 1840, je me suis attaché particulièrement à étudier les grandes exploitations de fer que ce pays possède ; je rassemble ici les notes que j'ai recueillies. Aucun ouvrage spécial n'ayant paru jusqu'ici sur l'état de la sidérurgie belge, j'ai l'espoir que ce travail, quoique très imparfait, pourra offrir quelque intérêt.

La Belgique a toujours été l'un des centres métallurgiques les plus intéressants de l'Europe ; ce fut l'un des berceaux de l'industrie du fer. Il paraît que ce genre d'exploitation n'était pas ignoré de ses habitants même dans les temps antérieurs à l'occupation des Romains. Déjà à l'époque de Pline des fourneaux permanents avaient remplacé ces appareils primitifs et

Coup d'œil historique.

informes, qui consistent dans des trous en terre surmontés d'une petite cheminée en terre aussi. Les fourneaux permanents dont parlent les auteurs du moyen-
âge étaient sans doute analogues aux *stuckofen*, qu'on
emploie encore dans quelques contrées, comme la Sty-
rie où ils prirent naissance, pour extraire le fer immédiatement du minerai. Ce fut en Belgique et sur les
bords du Rhin que, d'après l'opinion de Karsten, pa-
rurent les premiers *flussofen*, qui produisirent la fonte,
et auxquels on substitua depuis les hauts fourneaux ;
c'est encore aux Pays-Bas que ce savant métallurgiste
est disposé à attribuer leur invention au xvie siècle. —
Vers 1560 la province de Namur possédait seule 35
fourneaux. L'industrie sidérurgique paraît avoir décliné
sous la domination autrichienne ; dans la même province de Namur on ne comptait plus que 12 ou 14 fourneaux dans le commencement du xviiie siècle. Dès l'origine du siècle présent cette industrie reprit une grande
importance ; les dimensions des hauts fourneaux s'ac-
crurent progressivement ; les soufflets de cuir d'une
action si imparfaite furent remplacés par des soufflets
à piston ; enfin, on introduisit dans les forges le mode
d'affinage à la comtoise. En 1815 on comptait 89
hauts fourneaux en Belgique.

A cette époque l'usage de la houille était inconnu
dans ce pays : les essais qu'on fit pour l'y introduire
furent d'abord sans résultat. Ce ne fut qu'en 1822
que s'élevèrent presque en même temps 3 hauts fourneaux au coke ; l'emploi de ce combustible et l'introduction du système de forgerie à l'anglaise firent faire
de rapides progrès à l'industrie du fer en Belgique. On

comptait à la fin de 1835, 27 hauts fourneaux au coke, de grande dimension, tant en activité qu'en construction : on a évalué à 100.000 tonnes métriques (1) la production annuelle en fonte de la Belgique à la même époque, et à 140.000 tonnes celle sur laquelle on pourrait compter lorsque tous les fourneaux alors en construction seraient achevés ; le dernier de ces chiffres, qui paraissent très modérés, représente la moitié de ce que produit la France entière, d'après les renseignements publiés par l'administration des mines dans la même année (2). Il n'existe aucune donnée précise sur le nombre total des hauts fourneaux actuels de la Belgique, tant au coke qu'au charbon de bois ; quelques personnes croient pouvoir le porter à 150. Ce nombre était moins considérable en 1835, mais un grand nombre de hauts fourneaux chôment actuellement. En ce moment un défaut d'activité se fait remarquer dans la plupart des établissements de la Belgique ; sans m'arrêter à la nature de cette gêne, qui se manifeste partout, je ferai observer qu'elle est la suite du développement trop considérable que l'industrie de ce pays a paru prendre un moment, et qui a eu en partie pour cause l'adoption des projets de chemins de fer. Le débouché momentané qui s'offrait à la production du fer fit naître de trop vives espérances ; des sociétés surgirent de tous côtés pour élever de trop vastes établissements ; main-

(1) Les mesures adoptées dans ce mémoire étant celles du système métrique, la tonne vaut toujours 1.000 kil., le quintal 100 kil.

(2) Les données qui précèdent ont été puisées dans le rapport du jury sur les produits de l'industrie belge exposés à Bruxelles en 1835, seul document à ma connaissance qui ait paru sur cette matière.

tenant les produits abondent et manquent d'écoulement, le fer conserve à peine la moitié de son ancienne valeur, on l'exploite souvent sans bénéfice.

Géologie. Avant d'examiner le traitement qu'on fait subir au fer, disons un mot sur la géologie du pays, ainsi que sur les matériaux que renferme son sol. Les terrains primitifs paraissent très rarement en Belgique; dans un seul endroit, à Qunast en Flandre, ils fournissent une carrière de pierres ; les terrains anthracifères ou intermédiaires et houillers sont abondants dans tout le pays au sud de Bruxelles, mais les secondaires manquent presque partout : les calcaires de cette formation ne se rencontrent guère que dans le Luxembourg. Le terrain houiller se trouve donc généralement surmonté de terrains nouveaux. La houille ne forme pas en Belgique des bancs d'une grande épaisseur, comme en Angleterre ; cette épaisseur dépasse rarement un mètre ; mais la matière est abondante. Deux principaux bassins houillers, séparés par du calcaire, traversent le pays sur la même ligne : l'un de ces bassins suit à peu près la vallée de la Meuse, de Namur à Liége, et continue vers Aix-la-Chapelle; il s'étend sous la rivière, et se relève des deux côtés. L'autre bassin, partant de Namur, se dirige à l'ouest par Charleroi, Mons et Valenciennes en France. Les deux centres d'exploitation de ces bassins, Liége et Charleroi, réunissent dans leurs environs les plus grands établissements métallurgiques du pays. Au sud de la ligne de ces bassins s'étend une formation de calcaire anthracifère, et plus au sud encore, on trouve le terrain ardoisier qui donne lieu à des extractions d'ardoises dans le Luxembourg et en France. Au nord des bassins houillers, on rencontre encore le calcaire anthracifère, mais plus loin tout le reste du pays et la Hollande sont presque entièrement formés de terrains nouveaux.

Le combustible minéral n'entre dans les hauts four- *Combusti- bles, castine.* neaux qu'à l'état de coke ; l'emploi direct de la houille, usité maintenant en Angleterre, n'a pas pu réussir jusqu'ici en Belgique. La qualité de la houille est très variable ; celle qui est convertie en coke fournit 68 p. 100 de cette matière. Le traitement au charbon végétal est employé maintenant seulement dans les provinces voisines des frontières de France, où l'on trouve encore quelques forêts qui s'éclaircissent de jour en jour. Les espèces de bois les plus communes et les plus usitées pour la carbonisation sont : le chêne, le hêtre et le charme parmi les bois durs ; le frêne, le tremble, le saule et le bouleau, parmi les bois blancs ou tendres ; le bois résineux est fort peu répandu. La moyenne du produit de la carbonisation est de 17 p. 100 en poids, la réduction en volume de près de $\frac{3}{4}$. Le bois devenant de plus en plus rare, depuis peu de temps en Belgique on s'occupe activement à perfectionner les procédés de torréfaction, qui ont pour principal résultat de diminuer la consommation de ce combustible. Je m'étendrai d'une manière spéciale sur ce nouveau mode de traitement. Le calcaire employé comme fondant dans les hauts fourneaux est extrait de plusieurs carrières sur les bords de la Meuse et dans le Hainaut.

Les minerais presque exclusivement exploités en Bel- *Minerai.* gique sont des peroxydes hydratés d'un aspect ordinairement jaunâtre. Leur gangue est généralement schisteuse, plus ou moins chargée d'argile ou de quartz, et quelquefois accompagnée de calcaire. Plusieurs de ces minerais renferment, disséminées en plus ou moins grande quantité, des pyrites de fer ou de la galène. Il existe aussi en Belgique un peroxyde rouge anhydre, qu'on trouve en quantité assez considérable au nord du cours de la Meuse, entre Namur et Liége; mais la mauvaise qualité de fer qu'il produit, et qu'on pourrait peut-être attribuer à la présence du phosphore, en a fait presque abandonner l'extraction.

Les minerais du Luxembourg sont généralement d'une qualité très inférieure, mais ils gisent à la surface même du sol, et on exploite à ciel ouvert. Les provinces de la Belgique riches en minerais de fer sont celles de Liége, de Namur et du Hainaut; l'hydrate qui les compose donne un rendement moyen de 34 à 38 p. 100 de fonte. Il affecte deux ou trois gisements différents : tantôt il semble déposé en amas irréguliers dans les bassins formés par la superficie inégale du calcaire magnésien qu'il recouvre. Ces bassins ont jusqu'à 1.000 mètres d'étendue; leur profondeur est peu connue, l'extraction n'étant guère poussée au-delà des eaux intérieures; cependant on commence à établir des machines d'épuisement. Ces gîtes sont recouverts de couches plus ou moins épaisses de sable et d'argile, qui renferment souvent des blocs quartzeux, de dimensions diverses, que les ouvriers appellent *clavias*. Les mines de cette nature les plus importantes sont situées dans les environs de Philippeville. Tantôt le minerai se trouve en filons remplissant des fentes qui coupent les bancs du calcaire anthracifère; ces filons,

souvent irréguliers et composés de renflements et d'é-
tranglements successifs, se dirigent ordinairement du
S.-O. au N.-E. ; le minerai qui en provient, renfermant
souvent le soufre, est moins estimé que celui des amas ;
quelques savants attribuent même sa formation à la
décomposition des pyrites. L'un des plus importants de
ces filons est celui de Védrin, près Namur ; il suit la
direction générale et s'incline légèrement au S.-E. ;
son étendue est de 2 kilomètres au moins, sa puissance
varie de 1 à 10 mètres ; la partie supérieure du filon
contient une mine de fer d'une bonne qualité, qui
plus bas est remplacée par de la galène exploitée ; dans
sa région inférieure le filon contient beaucoup de py-
rite. Enfin le minerai se trouve encore en couches ou
amas couchés, quelquefois assez réguliers, situés au
passage du calcaire au schiste.

L'extraction des mines est fort irrégulière, la nature des gîtes et la division des propriétés rendent les
grands travaux de ce genre fort rares. L'établissement
se compose ordinairement de deux fosses rapprochées,
dont l'une sert à l'aérage, l'autre à l'extraction ; leur
profondeur atteint quelquefois de 60 à 80 mètres ; un
simple treuil mis en mouvement par les ouvriers sert
à élever au jour le minerai renfermé dans des paniers.
Le boisage intérieur du puits et des galeries horizontales se compose de cadres ou cerceaux plus ou moins
rapprochés, selon la nature du terrain ; leur construction est souvent négligée et les accidents sont assez
fréquents. Lorsqu'une galerie est exploitée, on la rem-
blaie complétement et on en perce une supérieure ; les
travaux ont ainsi lieu en remontant d'étage en étage.

De simples outils de mineurs suffisent ordinairement, l'emploi de la poudre est fort rare.

Le minerai extrait est toujours soumis au lavage dans une sorte de bassin en planches traversé par une eau courante, ou simplement dans un ruisseau. Cette opération est suivie du triage qui se fait à la main, et a pour principal but de séparer les parties quartzeuses. La préparation du minerai extrait lui fait souvent perdre plus de la moitié de son poids, quelquefois ce déchet est peu considérable. Le minerai lavé pèse moyennement 1415 kil. le mètre cube; on en traite la majeure partie sans grillage préalable; quand cette opération est pratiquée, elle ne paraît avoir pour but que la décomposition des pyrites, et s'exécute de différentes manières, soit en tas à l'air libre, soit dans des fourneaux à cuve, et même dans une sorte de four à réverbère.

La mine de fer se trouvant toujours accompagnée de matières schisteuses, le seul fondant employé est le calcaire ordinaire, qui donne ainsi lieu à un silicate double bien fusible. Quelquefois le seul assortiment des minerais est presque suffisant pour remplir l'effet de la castine, dont la proportion nécessaire est par conséquent très variable. Les ouvriers donnent les dénominations de *chauds* ou *froids* aux diverses qualités de minerais, selon qu'ils sont plus ou moins faciles à réduire.

Fonte.

A la fin de 1835, les fontes obtenues en Belgique au charbon de bois surpassaient encore en quantité celles des hauts fourneaux au coke; actuellement cette dernière production est plus forte. La différence d'estimation qui existe entre ces deux espèces de fontes, tant pour le moulage que pour la fabrication du fer, se voit dans les prix, qui sont de 9 $\frac{1}{2}$ à 14 fr. le quintal métrique pour les unes, et de 16 à 19 pour les autres. Celles-ci sont plus souvent employées en première fusion, ainsi que les produits de quelques uns des hauts-fourneaux au coke; mais plus généralement on soumet ces derniers à une seconde fusion dans les *cubilots* ou fourneaux à la Wilkinson.

Les hauts fourneaux au charbon de bois, dont les dimensions ont été cependant croissantes, s'élèvent rarement à plus de 8 ou 9 mètres de hauteur; jamais ils n'approchent en proportion de ceux du nord, dont la stature est à peu près celle des fourneaux au coke de la Belgique. Les autres dimensions sont très variables; quelques uns de ceux que j'ai visités avaient 8 mètres de hauteur, 1,80 de diamètre dans l'évasement de la cuve, 1,65 de hauteur à l'ouvrage, presque autant pour les étalages; la chemise était conique, le gueulard ovale de 0,75 sur 0,55, le diamètre du creuset de 0,75.

Les hauts fourneaux au charbon de bois sont généralement réparés tous les ans. On admet comme donnée moyenne qu'ils produisent dans une campagne 700 tonnes de fonte en absorbant 2.000 de minerai et 1.100 de charbon. Le rendement du minerai variant entre 30 et 40, 100 de fonte consomment de 250 à 333 de minerai; la proportion correspondante de charbon est toujours supérieure à 100 et peut même dépasser 170. Ces fourneaux donnent par jour deux coulées de 1000 k. chacune et reçoivent environ 30 charges, qui contiennent moyennement 200 kilogr. de minerai et 122 de charbon; la quantité de castine est des plus variables.

Le soufflage a lieu à l'air froid , de petites roues hydrauliques suffisent pour mettre en action les machines cylindriques généralement à simple effet. D'après les expériences de M. l'ingénieur en chef Cauchy, auquel je suis redevable de la plupart des données générales contenues dans ce paragraphe et le suivant, relatif au fer, un fourneau de 6 à 7 mètres de hauteur exige 11 mètres cubes d'air par minute, tandis que 20 ou 21 mètres cubes sont nécessaires pour alimenter un fourneau de 10 mètres de hauteur.

Les hauts fourneaux au coke sont d'une grande dimension, leur hauteur varie de 12 à 16 et même 17 mètres; les machines soufflantes qui servent à les alimenter sont mues par la vapeur avec une force de 25 à 35 chevaux.

Il est difficile de fournir des données moyennes précises sur la production de ces fourneaux et surtout sur leur consommation en coke. On peut cependant admettre qu'un de ces appareils produit généralement en 24 heures soit 12 tonnes en fonte blanche, soit 8 tonnes en fonte grise. La consommation moyenne en coke paraît être de 170 à 200 kilogr. pour la fonte blanche et de 200 à 260 pour la fonte grise; ces dernières proportions sont d'autant plus difficiles à établir que le poids du coke est lui-même très variable.

Je me réserve de communiquer dans la suite d'autres détails sur les hauts fourneaux au coke. Je me contenterai ici de faire encore une observation à leur sujet. Le soufflage à l'air chaud a été introduit dans beaucoup

de ces appareils; mais ils sont loin de se trouver, eu
égard aux avantages qu'il offre, dans les mêmes condi-
tions que ceux de l'Angleterre, marchant à la houille
crue. Dans l'établissement de Couillet, où l'on a essayé
comme dans ce pays de chauffer l'air à plus de 300°,
on y a trouvé peu d'avantage, taudis que dans les environs de Liége une température inférieure à 100° a
donné des résultats satisfaisants; ce fait remarquable
prouve combien la nature du combustible influe sur
la température la plus favorable du soufflage.

Il me reste à parler des cubilots ou fourneaux à la
Wilkinson, destinés à la refusion de la fonte de moulage. La forme intérieure de ces appareils, dont la hauteur varie de 1,50 à 3 mètres, est tantôt cylindrique
et tantôt celle d'un cône tronqué; ils sont ordinairement munis de quatre à cinq ouvertures de tuyères
qu'on débouche successivement à mesure que la fonte
s'élève dans le creuset; plusieurs marchent à l'air chaud.
Un cubilot activé huit heures par jour peut fondre dans
cet espace de temps 18 quintaux de fonte en absorbant
pour 100 kil. de fonte, 46 kil. de charbon de bois ou
50 kil. de bon coke; le déchet en fonte peut varier dans
lesdiverses circonstances de 5 à 25 pour 100. La consommation en vent est de 12 à 15 mètres cubes par
minute pour un cubilot de moyenne grandeur.

Plusieurs établissements de la Belgique, comme ce- **Fer.**
lui de Couvin, réunissent les deux modes principaux
d'affinage de la fonte, au charbon de bois et à la
houille. Quelques hauts fourneaux au charbon de bois
livrent leur produit au puddlage à la houille; mais la
qualité inférieure de la fonte obtenue au coke, et la

température élevée qu'exige son affinage, ne permettent jamais de la traiter dans les feux de forge.

Le mode d'affinage au charbon de bois usité dans le pays, et qui jadis a donné lieu à la dénomination de méthode wallone, n'offre pas actuellement de différences essentielles avec la méthode ordinaire dite allemande ou à la comtoise. Le foyer, composé de quatre plaques de fonte disposées en forme de caisse rectangulaire, est alimenté par une tuyère qui fournit de 6 à 13 mètres cubes d'air par minute. La quantité de fonte soumise à la fois à cette opération varie de 125 à 200 kil., le déchet est de 29 pour 100. On compte habituellement que 100 parties en poids de minerai lavé peuvent donner près de 25 de fer, en consommant 75 de charbon de bois; mais cette dernière proportion est presque toujours insuffisante.

La gueuse est disposée sur des rouleaux en bois, de manière à pouvoir avancer lentement de la face de charge dans le foyer; la fonte, liquéfiée à l'extrémité de la gueuse, tombe en gouttelettes et se rassemble au-dessous des charbons dont on couvre toujours le bain. L'affineur reconnaît à la nature des laitiers qu'il est temps de brasser la masse; il la soulève alors, la divise et la soumet au vent du soufflet jusqu'à ce qu'il juge par l'adhérence du fer au ringard que l'affinage est terminé. Le fer affiné et formant une loupe est ensuite soumis au cinglage sous un marteau. On utilise en même temps la chaleur du foyer en y exposant les masseaux précédemment martelés, et qu'on forge ensuite définitivement.

Dans quelques établissements on commence à utiliser

la chaleur perdue des foyers d'affinage en disposant près de ceux-ci des fours qui servent tantôt à chauffer préalablement la fonte qu'on doit affiner, tantôt à réchauffer les masseaux cinglés avant de les forger.

Les fours destinés à puddler et à réchauffer le métal consomment de la houille crue. La qualité des fontes permet souvent de les puddler sans les convertir en *fin-métal*; cependant j'ai pu observer que le fer opéré ainsi est moins homogène que les *puddl-bar* des Anglais. Les fineries ont jusqu'à 6 tuyères lançant environ 13 mètres cubes d'air par minute; le déchet s'élève à 12 pour 100 et même davantage.

Les fours à puddler sont semblables à ceux de l'Angleterre; dans quelques uns la même fenêtre sert à l'entrée et à la sortie du métal; dans d'autres plus perfectionnés, le chauffage préparatoire a lieu dans une seconde sole construite à la suite de la première et profitant de la chaleur qui s'en dégage. Le puddlage dure ordinairement deux heures pour la fonte grise, et une heure et demie ou une heure trois quarts pour la fonte blanche. On charge à la fois 200 kil. de fonte. La consommation en houille pour 100 kil. de fonte est moyennement de 110. Le déchet se monte à 10 ou 12 pour 100 dans le puddlage du fin-métal; quand on opère directement sur la fonte blanche, il s'élève à 15 pour 100, et atteint 20 et même 25 pour 100 si on emploie de la fonte grise.

Les loupes provenant des fours à puddler sont cinglées sous un marteau de 2000 à 5000 kil., et passent ensuite aux cylindres dégrossisseurs; les barres qui en sortent sont divisées en pièces par une cisaille; ces pièces réunies en paquets se soudent au réchauffage; après cette opération, qui est répétée pour les qualités supérieures, le fer est définitivement laminé. Le déchet des fours à réchauffer est de 8 à 10 pour 100 pour le gros fer, et de 10 à 12 pour le fer de petites dimensions. Les prix de vente des fers varient entre 25 et 45 francs le quintal métrique.

Acier.

La Belgique possède deux fabrications d'acier; celle de Regnier et Poncelet à Liége et celle de Couvin, près Philippeville. La première fut fondée en 1811, sous l'influence du système continental de l'empereur Napoléon; on y obtient de l'acier de cémentation qui est fondu et employé dans l'horlogerie, la fabrication des armes, celle des limes; cet acier est très estimé et rivalise avec ceux de l'Angleterre.

Après plusieurs essais infructueux pour la cémentation de l'acier, on a obtenu récemment à Couvin des résultats qui semblent promettre un grand succès. Ce fait est d'autant plus important qu'on y emploie exclusivement un fer du pays provenant de l'usine même. Dans ces deux établissements, les procédés employés, tant pour la cémentation que pour la trempe, sont gardés secrets.

II

DE QUELQUES ÉTABLISSEMENTS QUI CONSOMMENT LE COMBUSTIBLE MINÉRAL.

L'établissement de Sclessin, situé sur les bords de la Sclessin. Meuse, à une petite lieue S.-O de Liége, a été fondé en 1837 par une société anonyme, et compte déjà parmi les principaux de la Belgique pour les productions de la fonte. Son plan, conçu d'un seul jet, se fait remarquer par l'ensemble et la bonne disposition des différentes parties qui le composent. Les fig. 1 et 2 en peuvent donner une idée. Six hauts fourneaux alignés s'élèvent en masses isolées, de forme pyramidale tronquée, réunies dans leur sommet par des arcades qui mettent en communication les gueulards par une sorte de pont. Sur le devant s'étendent les halles de coulée et ateliers de moulage, réunis dans un vaste bâtiment. L'édifice qu'on voit s'élever à une grande hauteur, derrière la ligne des hauts fourneaux, renferme trois appareils, qui élèvent, par un procédé ingénieux, les matériaux à la hauteur des gueulards , avec lesquels la communication est établie par des arcades; chacun de ces appareils dessert deux hauts fourneaux. L'édifice qui suit, adjacent au précédent, contient 5 machines soufflantes mues par la vapeur ; un cylindre en tôle de 94 mètres de long sur 1,68 de diamètre, passe au-dessous des machines à élever, et sert de régulateur au vent du soufflage. Enfin , un dernier bâtiment complète l'ensemble régulier de ces édifices et renferme sur une même rangée 15 chaudières uniformes de 6 mètres de long.

Des six hauts fourneaux , deux seulement sont achevés et en activité; leur hauteur est de 15 mètres ; ils ont 3m,80 de diamètre dans leur évasement et 0,80 à l'ouvrage ; chacun d'eux est muni de deux tuyères à eau froide et d'une troisième à la rustine pour le cas où le besoin s'en ferait sentir par suite d'engorgements. Des fours à chauffer l'air sont disposés au-dessous de l'intervalle des hauts fourneaux , un couloir inférieur à la ligne du sol les rend accessibles ; ils sont du système de Calder. L'un des hauts fourneaux produit de la fonte d'affinage ; il donne par 24 heures deux coulées fortes , chacune de 6 à 8 tonnes ; des coulées forcées ont même atteint le chiffre de 9.200 kil. La charge se compose d'un mètre cube de coke pesant moyennement 400 kil. , de 674 kil. de minerai et de 271 kil. de castine ; elle demande 36 heures à parcourir la hauteur du haut fourneau. L'air est échauffé à une faible température de 60°. Le second haut fourneau marche en fonte grise ou de moulage , la coulée varie de 3,000 à 5,000 kil. ; la charge contient pour un mètre cube de

coke, 400 kil. de minerai de bonne qualité et 160 de castine; elle reste environ soixante-dix heures pour descen-
dre. Ces deux hauts fourneaux absorbent par semaine
de 400 à 500 tonnes de minerai (1). Dans ces hauts fourneaux, ainsi que dans beaucoup d'autres en Belgique,
un produit verdâtre, appelé cadmie, composé principalement d'oxyde de zinc, se forme à la partie supérieure
des gueulards; on l'enlève tous les quinze jours, et on
l'emploie avec succès dans les fabriques de zinc.

Les cinq machines soufflantes de Sclessin sont anglaises, elles sortent des ateliers de Boulton et Watt;
deux de ces machines sont destinées à la réserve, une
seule est en activité, et alimente les deux hauts fourneaux et un cubilot. Le cylindre de chacune de ces
machines a 1,90 de diamètre : l'amplitude de la course
du piston est de 2,44; il fait 15 coups doubles par minute. Il en résulte que la machine peut fournir par
minute environ 106 m. cubes d'air; la pression du vent
est de 4 à 4 $\frac{1}{2}$ livres anglaises par pouce carré. Chacune de ces machines soufflantes est mise en mouvement par une machine à vapeur à basse pression de la
force de 80 chevaux, desservie par trois chaudières à
tombeau et tube intérieur. Douze de ces chaudières sont
déjà placées ; elles peuvent toutes communiquer entre
elles; la pression effective de la vapeur est de $\frac{1}{4}$ d'atmosphère. Les dépôts de l'eau de la Meuse étant consi-
dérables, ces chaudières sont nettoyées tous les mois.

---

(1) Le rendement en fonte de cet hydrate de fer est généralement de
58 pour cent ; quelques variétés ont donné jusqu'à 44 pour cent ; on
n'en soumet qu'une faible partie au grillage préalable.

Elles consomment chacune par 24 heures, 4 mètres cubes de houille de qualité inférieure.

Les machines à élever sont remarquables par le rôle que l'eau y joue : deux cages, qui reçoivent alternativement la charge à élever, se composent de deux plates-formes armées de tiges de fer et suspendues à une même poulie; chacune des deux plates-formes porte en dessous une petite caisse carrée en tôle, destinée à se remplir d'eau pendant son séjour dans le haut de l'édifice; le poids de cette eau, que fournit un réservoir particulier, excédant celui des matériaux chargés sur l'autre plate-forme, détermine leur mouvement ascensionnel. Ce procédé a l'avantage d'utiliser les forces superflues des machines à vapeur de l'établissement pour alimenter le réservoir. La caisse qui descend remplie d'eau détermine, en touchant le sol, l'ouverture d'une soupape qui permet à l'eau de s'écouler dans un puits. La cage reçoit les matériaux renfermés dans deux charrettes en tôle, dont le transport est facilité par des rails; ces charrettes arrivées au gueulard se renversent à bascule pour la décharge.

La Société possède dix charbonnages importants situés dans les environs. Le coke provient d'une houille assez grasse exploitée à peu de distance; elle en fournit 68 pour 100 de son poids. Chaque four reçoit 2 mètres cubes de houille et en produit 3 de coke; l'opération dure 24 heures. Il existe en ce moment à Sclessin, 36 fours à coke accolés, dont la moitié seulement est en activité. L'établissement en possède encore 28 pareils, groupés par 4 autour d'un cinquième four, destiné au grillage du minerai; on utilise ainsi la chaleur perdue des fours à coke pour faire simultanément deux opérations.

Les figures 3 et 4 représentent l'un de ces groupes; l'espace voûté du milieu peut recevoir jusqu'à 4 mètres cubes de minerai; il réunit les tirants d'air des quatre fours à coke, et est surmonté de trois cheminées. Les communications latérales ménagées à cet effet, nuisant à la régularité de l'opération du cokage, d'autres conduits, pratiqués dans le corps de la maçonnerie et aboutissant à la partie opposée du four à coke, diminuent cet inconvénient. Le déchet qui résulte de cette disposition dans la proportion du produit n'est que de 1 ou 2 pour 100 comparativement au cokage dans les fours ordinaires.

Le plus important des établissements sidérurgiques du bassin de Charleroi est celui de Couillet; sous plusieurs rapports, il n'en existe pas de plus considérable en Belgique. Fondé depuis une dizaine d'années, il appartient maintenant à une société anonyme. Il possède 8 hauts fourneaux au coke de 14 mètres de haut, dont sept réunis en un même point; quatre seulement de ces hauts fourneaux sont activés en ce moment, et un seul marche en fonte grise et à l'air chaud. La température de l'air est à peu près, comme dans le pays de Galles et en Écosse, celle du plomb fondu. Chacun des fourneaux est alimenté par deux tuyères à eau froide, qui fournissent de 75 à 80 mètres cubes d'air par minute, à une pression de $3\frac{1}{2}$ livres anglaises par pouce carré. Le produit moyen, pendant 24 heures et en deux coulées, est de 15 à 16 tonnes pour la fonte d'affinage, et de 10 à 11 pour la fonte grise. Les charges sont élevées

Couillet.

au gueulard sur des plateaux suspendus par des tiges à une chaîne sans fin, qui glisse sur deux grandes poulies en fer disposées l'une au-dessus de l'autre, aux deux extrémités de la course; chaque plateau, conservant ainsi sa position horizontale, s'élève en portant les matériaux renfermés dans une petite mesure en tôle. Cette machine, analogue aux chaînes à chapelets, est mise en mouvement par la vapeur.

On fait usage à Couillet de fours à réverbère pour la refusion de la fonte. On y voit trois de ces fours recevant chacun 7 tonnes de fonte. On y trouve, en outre, 2 fours à la Wilkinson, 26 fours à puddler, 11 à réchauffer et 2 autres pour les tôles. Plus des deux tiers de la fonte qu'on affine est soumise à cette opération sans conversion préalable en fin métal. En général, les fineries sont beaucoup moins employées en Belgique qu'en Angleterre; il paraît que la qualité de la fonte, la nature du minerai, rendent cette opération intermédiaire moins nécessaire dans ce pays; peut-être aussi y est-elle trop peu employée. Outre qu'elle améliore beaucoup la fonte, elle procure dans le sud du pays de Galles une diminution dans le déchet par oxydation; il paraît qu'il n'en est pas de même en Belgique. — Les fours à puddler de Couillet ne présentent rien de particulier dans leur construction; mais on utilise la chaleur émise par 16 de ces fours : elle sert à échauffer l'eau d'une machine à vapeur; leurs cheminées sont à cet effet réunies en 4 groupes, surmontés d'autant d'appareils convenablement disposés, et secondés par deux chaudières ordinaires. Cette machine met en mouvement les laminoirs, fenderies, cisailles, marteaux et un

squeezer anglais, qui remplace le battage de ces derniers
par la pression. Parmi les forges, il s'en trouve deux
qui servent à la confection des pièces importantes des
plus grandes machines à vapeur. Les ateliers de construction sont très étendus et offrent des appareils perfectionnés. Le nombre total des machines à vapeur employées dans ce vaste établissement est de 26; elles
représentent une force d'environ 1,200 chevaux et occupent en ce moment 800 ouvriers.

Je m'étendrai peu sur les autres établissements au $\quad$ Seraing.
coke que j'ai visités en Belgique. Celui de Seraing, qui
a acquis une juste célérité il y a quelques années, se
trouvant depuis la mort de M. de Cockerill, son fonda-
teur, entre les mains d'une commission, cette circon-
stance m'a empêché de recueillir des renseignements
précis sur les procédés qu'on y emploie. Il possède
deux hauts fourneaux qui ont presque les dimensions
de ceux de Sclessin; l'air du soufflage est élevé de
même à une température de 60 ou 80 degrés centig.
seulement. Le transport des matériaux au gueulard a
lieu sur un plan incliné d'environ 45°; une petite machine à vapeur, à cylindre horizontal, établie sur la
plate-forme du gueulard, est exclusivement destinée à
élever les charges en les tirant. Il serait assurément
facile d'employer la chaleur du gueulard à échauffer
l'eau de cette machine. Les fours à puddler reçoivent
à la fois une charge de 200 kil., composée en grande
partie de fonte d'affinage qu'on coule en plaques min-
ces, et qu'on arrose d'eau à sa sortie du fourneau pour
augmenter sa blancheur; on n'ajoute à cette fonte
qu'une faible quantité de *fin métal* et de scories. L'é-

tablissement de Seraing occupe en ce moment 1,800 ouvriers; le nombre en était, il y a quelques années, de
5,000; il est situé sur la rive gauche de la Meuse, à une
lieue S.-O. de Liége, et occupe l'ancien château de l'é-
vêque de cette ville.

Ougrée. Sur la rive opposée du fleuve, on trouve, à Ougrée,
de vastes ateliers de moulage et l'une des fabrications
de fer les plus importantes du pays. Je me contenterai
de donner une idée de cet établissement, qui occupe
environ 1,000 ouvriers. Il possède 4 cubilots ou fours
à la Wilkinson, 18 fours à puddler, 5 à chauffer, une
finerie, environ 30 forges, 8 trains de laminoirs, 6 cisailles pour diverses destinations, enfin un marteau du
poids de 5 à 6 tonnes. Les ateliers de construction renferment des machines remarquables, telles qu'allésoirs,
rabots, etc. Tous ces différents appareils sont mis en
mouvement par des machines à vapeur de la force col-
lective de 325 chevaux et une roue hydraulique. Une
machine à vapeur actuellement en construction à Ougrée servira à mettre en action un nouveau train de
laminoir et un marteau; récemment on y a coulé le
plus fort balancier qui ait été exécuté dans le pays; ce
balancier, pesant plus de 63 tonnes, appartient à une
machine de 500 chevaux, employée dans le Hainaut à
l'épuisement d'une houillère.

Un autre établissement, voisin du précédent et connu
sous le même nom, produit de la fonte et possède trois
hauts fourneaux.

Couvin. Les établissements que je viens de citer sont situés
dans les bassins houillers de Liége et de Charleroi. Dans
les provinces du Sud, qui consomment généralement le

combustible végétal, on remarque les usines de Couvin, où l'un des premiers hauts fourneaux au coke qui subsiste encore fut élevé en 1822, et où l'on réunit les deux modes de traitement. Cet établissement est situé dans l'Entre Sambre-et-Meuse, près de la frontière française et de Rocroy; j'aurai l'occasion d'y revenir dans la suite. Ici je n'ai que peu de mots à dire sur les procédés qu'on y suit pour l'affinage à la houille. Les fours à puddler de Couvin présentent plusieurs constructions différentes; un de ces fours est disposé de manière que l'air puisse pénétrer entre l'enveloppe intérieure, qui est en plaques de fonte, et la maçonnerie extérieure; un autre est muni d'une seconde sole, où la fonte est préalablement chauffée par l'action de la première. La charge du four à puddler se compose ordinairement de 200 kilogr. de fonte; l'opération dure 2 heures pour la fonte grise, et de $1\frac{1}{2}$ à $1\frac{3}{4}$ pour la fonte blanche; un produit de 1.000 kilogr. absorbe 1.100 kilogr. de fonte et 1,200 de menue houille. La construction des fours à réchauffer, qui reçoivent le métal puddlé après un premier cinglage, ne présente rien de particulier; le déchet paraît être d'environ 8 p. 100, la consommation en houille de 50 p. 100.

III

SUR LA TORRÉFACTION DU BOIS.

La Belgique, qui possède encore quelques provinces assez boisées, voit, comme tant d'autres pays de l'Europe, ses forêts disparaître. La rareté du combustible végétal fait naître des craintes sérieuses dans les contrées dont le sol ne renferme pas dans son sein, pour le remplacer, un autre produit, qui à son tour deviendra plus difficile à exploiter. Toutes les inventions qui, comme la torréfaction du bois, tendent à en diminuer la consommation, sont donc d'une importance majeure et qui sera croissante.

Long-temps des obstacles qui paraissaient devoir être insurmontables s'opposaient à l'emploi direct des combustibles dans le haut fourneau, sans une opération préalable, qui, soit la conversion de la houille en coke, soit la carbonisation du bois, occasionne une perte considérable qui faisait prévoir à la science une écono-

mie notable dans l'avenir. Ces difficultés commencent
à s'aplanir. Déjà, depuis quelques années, en Angleterre, on substitue au coke l'emploi direct de la houille;
dans notre pays, en Russie, où des craintes de ce genre
ne pourraient être que l'effet de prévisions encore éloi-
gnées, on a déjà employé avec avantage le bois, même
à l'état cru. En France, de nombreux procédés ont été
imaginés pour la torréfaction des bois en vases clos;
depuis cinq ans seulement ils s'établissent dans les dé-
partements du Nord et s'introduisent maintenant en
Belgique. Les essais se multiplient de jour en jour; quelquefois infructueux sous le point de vue économique
immédiat, ils ont toujours entraîné une diminution
fort considérable dans la consommation du bois.

Considérons un moment la nature et l'emploi de ce *Considéra-*
tions théori-
nouveau combustible sous le point de vue théorique. *ques.*
La carbonisation en forêt dégage les matières volatiles
contenues dans le bois en le rapprochant de l'état de
charbon pur; cette opération est pratiquée dans le
but de réunir le maximum de chaleur sous le moindre
volume. En effet le charbon développe, à poids égal,
deux fois plus de chaleur que le bois; à volume égal,
le rapport des poids étant d'environ 2 : 3, celui des pou-
voirs calorifiques sera de 4 : 3. La différence est donc
considérable. Mais cette concentration de la chaleur, si
nécessaire pour produire les puissants effets du haut
fourneau, ne s'obtient que par une perte absolue fort
grande qui résulte de la carbonisation. La torréfaction
a pour but de diminuer cet inconvénient en employant
le bois dans son état le plus favorable.

La première calcination du bois, poussée lentement

jusqu'à une diminution de $\frac{1}{4}$ de son poids, ayant presque uniquement pour effet de dégager des vapeurs d'eau, sans autre altération bien sensible, la perte en matière combustible est presque nulle ; on a en même temps l'avantage d'éviter le refroidissement qu'occasionnerait la vaporisation de l'eau dans le sein du haut fourneau. Dans cet état le bois est très sec. En poussant plus loin la calcination, les dégagements, renfermant fort peu d'eau, se composent principalement de gaz combustibles qui, comme l'hydrogène et l'oxyde de carbone, auraient l'avantage, en brûlant dans le haut fourneau, d'y développer une haute température ou d'agir comme désoxydants. Il semblerait donc, d'après ce qui précède, que le bois qui a subi le degré de calcination mentionné est le combustible le plus favorable pour l'usage des hauts fourneaux ; mais une autre considération importante, celle du volume, modifie cette conclusion. — Le bois étant calciné graduellement en vases clos, lorsqu'il a perdu $\frac{1}{4}$ de son poids, état auquel, comme nous venons de le voir, il est privé de la majeure partie de son eau, on observe une diminution en volume d'à peine $\frac{1}{10}$ seulement. Cette calcination lente étant continuée, de manière à déterminer une nouvelle perte en poids égale à la première, c'est-à-dire en réduisant le bois à la moitié de son poids, on remarque que la nouvelle diminution du volume est au moins double de la première ; plus tard la loi de décroissement augmente encore ; enfin la carbonisation du bois en forêt, réduisant généralement son poids à $\frac{13}{100}$, conserve cependant au charbon le $\frac{1}{4}$ ou même le $\frac{1}{3}$ du volume consommé. Le décrois-

sement du volume suit donc une loi qui peut être re-
présentée par une courbe à inflexion dont la tangente
d'abord horizontale s'incline de plus en plus, pour
tendre ensuite de nouveau vers sa première direction.
Or, la calcination du bois produisant deux effets principaux, un dégagement de matière combustible et une
diminution de volume, ce dernier avantage, qui augmente directement l'énergie du combustible, peut com-
penser la perte absolue. Il est donc important de déterminer le degré de calcination le plus favorable à
employer. Il est déjà très probable d'après ce qui précède que ce degré dépasse la perte en poids du $\frac{1}{4}$,
car nous avons vu que la diminution en volume, jusque
là peu sensible, augmente ensuite rapidement, pour se
ralentir de nouveau lorsqu'on approche de l'état de
charbon. Il résulte des expériences de M. Sauvage qu'en
calcinant le bois pendant six heures et demie, jusqu'à
ce qu'il ait perdu un peu moins que la moitié de son
volume et que les deux tiers de son poids, on obtient
un combustible plus dense que le charbon, et qui, à
volume égal, développe la même quantité de chaleur;
une calcination ultérieure cause donc une perte absolue sans compensation (1). Ce degré, qu'on ne devra
jamais dépasser, est un peu plus avancé que ceux qu'on

---

(1) Le bois calciné se trouvant dans ce dernier état, correspondant à
une perte en volume de $\frac{44}{100}$, et en poids de $\frac{44}{100}$, le rapport de son volume à celui du charbon qui en proviendrait est de 16 à 10. On peut,
ce me semble, faire ici un singulier rapprochement qui est d'un grand
intérêt : nous allons voir que la substitution du bois torréfié au charbon
de bois dans le haut fourneau réduit en général de $\frac{2}{5}$ la proportion du
combustible nécessaire évalué en bois brut; ainsi le rapport des con-

emploie dans la torréfication ; du reste, il paraît que le bois parfaitement sec présente presque les mêmes avantages, et que conséquemment les effets de la calcination se compensent à peu près entre ces deux limites assez larges (1).

Résultats obtenus.

On doit en général à l'emploi du bois torréfié une marche plus régulière du haut fourneau, des engorgements moins fréquents ; la fonte paraît aussi s'être améliorée surtout pour le moulage. Mais le grand avantage obtenu partout par ce nouveau mode de traitement, consiste dans la diminution fort considérable de la proportion du combustible nécessaire pour réduire le minerai et produire la fonte. On peut admettre que la consommation du bois brut est généralement réduite des $\frac{2}{5}$, comme on le verra dans la suite de ce mémoire. On peut même citer des exemples positifs qui établis-

sommations 5 : 5, se trouve être presque exactement celui de 16 : 10. Il est facile de voir que cette concordance très remarquable résulte en effet des idées théoriques précédentes, si on écarte toute outre influence.

(1) Les essais de M. Sauvage sur le pouvoir calorifique du bois calciné à différents degrés, ont été faits par le procédé connu de la litharge, en partant du principe que l'effet calorifique est proportionné à la quantité d'oxigène absorbé par le combustible, et par suite à la quantité de plomb fondu. Il résulte de ses expériences que la composition chimique du bois est la suivante :

Carbone.	375
Cendres.	12
Hydrogène et oxigène. .	358
Eau hygrométrique. . .	275
	1,000

L'hydrogène et l'oxigène se trouvent dans les proportions convenables pour former de l'eau.

sent une différence encore plus grande dans la consommation du combustible; ainsi le fourneau de Biè-
vres, marchant au charbon seul, absorbait 28 mètres
cubes de bois pour produire 1.000 kilog. de fonte; le
même haut fourneau, à une autre époque, marchant
au bois torréfié avec une légère addition de charbon, ne
consommait que 10,40 mètres cubes de bois pour la
même production de fonte. Il faut observer cependant
que la proportion de 28 mètres cubes dépasse les limites ordinaires, et que l'énorme différence qu'on
remarque ici dans la consommation tient en partie
à une allure différente du haut fourneau ; néanmoins
les chiffres cités ont été conclus d'après une marche de plusieurs mois dans les années 1832 et 1837.
Dans quelques hauts fourneaux, comme j'en ai été té-
moin à Biesmerée près Philippeville, l'économie du
combustible est accompagnée d'une légère diminution
dans le rendement du minerai ; ce résultat paraît tenir à
ce que l'emploi de l'air chaud convient en général au
bois torréfié, de même qu'en Angleterre l'air chauffé
au-delà de 300° a seul permis l'emploi direct de houilles
grasses contenant jusqu'à un tiers de matières volatiles.

Je citerai plusieurs des procédés employés pour la Procédés de torréfaction.
torréfaction du bois. M. Fauveau a eu le premier l'idée
de profiter dans ce but des flammes du gueulard ; son
appareil, perfectionné par M. Beaudelot, à Harran-
court, a été décrit dans un mémoire de M. Sauvage. Pos-
térieurement à la publication de ce mémoire, on a fait
des essais pour torréfier sur place afin de diminuer les
frais de transport, préférant ainsi l'établissement d'un
feu spécial dans la forêt aux appareils du gueulard,

toujours dispendieux par leur élévation, qui nécessite l'établissement d'une maçonnerie solide, indépendante des mouvements du haut fourneau. D'ailleurs on a d'autres moyens d'utiliser la chaleur du gueulard, et dans beaucoup de hauts fourneaux on trouve un grand avantage à la rendre aussi faible que possible. Enfin une découverte ingénieuse et récente permet d'utiliser à la surface même du sol les gaz qui s'échappent du gueulard, et qui sont refroidis et attirés à l'aide d'une cheminée d'appel ou par un ventilateur à l'endroit convenable où on les enflamme.

L'appareil représenté dans la figure 5 et 6, encore peu connu, est remarquable par la régularité et l'uniformité de la torréfaction qui s'y opère. Il a d'abord été établi à l'usine de Phade, département des Ardennes, et y est employé avec beaucoup de succès. Dans cet établissement, les fours en fonte d'Harraucourt sont remplacés par 17 cylindres en forte tôle, ayant $0^m,55$ de diamètre sur $1^m,10$ de longueur, et pouvant contenir environ un quart de stère de bois découpé. Ces cylindres, munis d'une porte sur la partie courbe et tournant lentement sur leur axe, sont enfermés dans une suite de cellules en brique et fonte, et reçoivent la chaleur du haut fourneau par des ouvreaux percés dans la voûte horizontale, qui part du gueulard pour atteindre la cheminée d'appel placée à l'extrémité opposée. La chaleur peut être à volonté plus ou moins développée dans chaque cellule. Chaque cylindre est établi sur une sorte de chariot, roulant sur deux petits rails pour l'entrée dans la cellule et la sortie. A la fin de l'opération, chaque cylindre renverse sa charge refroidie dans

un panier, placé en dehors du four, au-dessous des
ráils. A Phade, les cylindres sont tous mis en rotation
par une même tige horizontale en fer, placée derrière
la ligne des fours. Cette tige engrène, par de petites
portions de vis sans fin, dans des lanternes adaptées
à l'extrémité de chacun des axes des cylindres ; le mouvement de la tige lui est communiqué par une roue
hydraulique.

Parmi les essais qui ont été mis à exécution jusqu'à
ce jour pour la torréfaction du bois en forêts, celui
de M. Eschment, quoique encore imparfait, remplit
plus que tout autre le but principal qu'on se propose,
l'uniformité du produit. La figure 7 peut donner une
idée de ce procédé. On voit que la torréfaction s'y
opère dans des tas analogues aux fauldes employées
pour la carbonisation du bois. Ce procédé nouveau,
mis à l'essai dans le département des Ardennes, s'introduit maintenant en Belgique dans les usines du duc
d'Aremberg (Marches-les-Dames), près Namur. Quatre
hommes suffisent pour le travail simultané de trois de
ces fauldes ; ils montent l'une, soufflent l'autre et ou-
vrent la troisième ; ce travail dure sans intervalle jour
et nuit. Les bûches les plus fortes occupent la partie
inférieure du tas ; elles vont en diminuant vers la surface, qui est rendue unie par du menu bois, disposé
dans une situation inclinée ; on la recouvre d'une cou-
che de mousse et de terre, en y ménageant toutefois
quelques issues en différents endroits. Les bûches de
bois sont disposées de manière à laisser au centre de
la faulde et au-dessus du foyer un espace vide appelé
canal ; le foyer est alimenté par un petit ventilateur mû

3

par un enfant; on y utilise pour la combustion des débris de bois disposés sur la grille qui surmonte le cendrier. Le foyer une fois mis en activité, on le ferme par une plaque, de manière que tous les gaz de la combustion et l'air lancé par le ventilateur se rassemblent dans le canal et se répandent dans la masse de bois. Quand le premier dégagement de vapeurs qui s'exhale de tout le tas s'est ralenti, on le couvre fortement de terre en commençant par le haut; les gaz abandonnent alors la partie supérieure et descendent successivement à mesure que l'on couvre; on obtient ainsi un résultat uniforme. On conçoit, en effet, que l'on peut à volonté développer de la chaleur en une partie quelconque du tas, puisque les gaz chauds n'ont pas d'autre issue que celle qu'on leur présente à la surface; on peut aussi, au moyen d'un long crochet, ouvrir des passages dans la voûte qui couvre le canal, si le besoin s'en fait sentir. Le bois perd environ un quart de son poids seulement; on voit que cette torréfaction, ou plutôt cette dessiccation, est insuffisante. Chaque opération dure un peu plus de vingt-quatre heures, et produit 3o stères de bois desséché. La consommation en combustible est de 11,8o pour 1oo du produit.

IV

DE QUELQUES ÉTABLISSEMENTS QUI MARCHENT
AU COMBUSTIBLE VÉGÉTAL.

Les usines de Marches-les-Dames, appartenant au
duc d'Aremberg, sont situées sur les bords de la Meuse,
à une lieue à l'est de Namur; on y introduit actuellement l'usage du bois torréfié en forêt. Les machines
soufflantes et les forges sont mises en action par des
roues hydrauliques. Cet établissement possède trois
hauts fourneaux dont un seul est maintenant en activité;
sa hauteur est de 8^m,5o, l'ouvrage est rectangulaire, la
cuve elliptique, les dimensions du gueulard sont de
7 décimètres sur 4; il marche à l'air froid avec une
seule tuyère et deux petits cylindres à simple effet.

Je puis fournir un renseignement exact sur le roule-
ment de ce haut fourneau, marchant au charbon de

bois seul, pendant l'année 1839; les consommations ont été les suivantes :

Minerai. . .   929 mètres cubes ou 1.275.907 kilogrammes.
Charbon . . 52,459 paniers ou . . . 4.719,51 mètres cubes.
La production en fonte . . . . 495.979 kilogrammes.

On a ainsi obtenu 1000 kil. de fonte en absorbant 9,51 mètres cubes de charbon et 2.573 kil. de minerai, ce qui donne un rendement moyen de 38 à 39 pour 100; quant à la consommation en charbon, elle a été, comme on voit, fort considérable; car, en admettant que le poids moyen du mètre cube de ce produit a été de 222 kil., on obtient un résultat qui dépasse le double du poids de la fonte produite; ce fait tient en partie à ce que la fonte a été obtenue très grise, et en partie à la mauvaise qualité du charbon; d'ailleurs cette proportion n'est pas ordinaire dans l'établissement; en effet, on conclut d'après une marche de dix années antérieures, 1825-1831, et 1836-1838, que 1000 kil. de fonte ont absorbé moyennement 7, 26 mètres cubes de charbon seulement, c'est-à-dire 161 pour 100. La production annuelle de fonte n'a jamais été supérieure à 605.529 kil.

L'affinage de la fonte s'opère dans les feux ordinaires en deux opérations. Pendant la même année 1839, on a obtenu 1000 kil. de fer forgé en absorbant 1476 kil. de fonte et 1373 kil. de charbon de bois tendre, d'où il résulte un déchet de 32 ; pour 100 du poids de fonte.

En combinant ces deux résultats, on trouve que pour produire 1000 kil. de fer forgé on a employé 3798 kil.

de minerai. On peut calculer de même la consommation totale correspondante en charbon. Nous venons de voir que la production de 1000 kil. de fer a absorbé 1476 kil. de fonte et 1373 kil. de charbon; d'après les proportions citées relatives à l'opération du haut-fourneau, ces mêmes 1476 de fonte ont précédemment donné lieu à une consommation de 14,03 mètres cubes ou 3115 kil. de charbon; d'où l'on conclut que la proportion totale de 4488 kil. a été nécessaire pour obtenir 1000 kil. de fer. Cette proportion est trop forte, la donnée moyenne que nous avons fournie plus haut permet de la réduire.

Le combustible employé actuellement dans le haut-fourneau de Marches-les-Dames se compose de charbon mêlé avec partie égale de bois desséché par le procédé Eschement, que j'ai précédemment décrit. Le court espace de temps qui s'est écoulé depuis l'introduction de ce nouveau traitement ne permet pas encore de consigner des résultats certains; je me contenterai donc d'observer que la marche du haut fourneau a surtout été considérablement accélérée; le nombre des charges journalières, qui n'était que de 36, est porté maintenant à 50. La diminution dans la consommation est encore peu considérable. Du reste, le procédé de torréfaction adopté dans cet établissement y fait l'objet d'expériences dont les résultats paraissent satisfaisants. Jusqu'ici l'opération faisant perdre au bois ¼ seulement de son poids, se réduit à une simple dessiccation; le produit, très légèrement bruni, est ensuite transporté près du fourneau et mis en morceaux de 15 centimètres de long sur 5 d'épaisseur. Par le moyen d'une petite scie circulaire que fait tourner une roue hydraulique, un seul homme est employé à cette opération; le déchet au sciage n'est que de 1 ou 2 p. cent.

Il est à désirer que les procédés de torréfaction en forêts, procédés dont les premiers essais sont tout récents, puissent obtenir du succès. La torréfaction du bois lui faisant généralement perdre environ la moitié de son poids, le transport en sera d'autant plus facile; d'un autre côté le bois torréfié en forêts aura sur le charbon l'avantage d'être moins fragile, de donner moins de déchet dans le transport et l'enmagasinage, enfin de ne pas absorber au même point les vapeurs d'eau de l'atmosphère, car il ne paraît pas être hygrométrique.

Couvin   Ce vaste établissement est resté pendant dix ans dans l'inactivité; depuis deux ans seulement une société, qui en a acquis la propriété, remet en mouvement ses nombreuses machines. Le moteur principal est l'eau; on a disposé pour l'utiliser d'une chute de 4 mètres. Les ateliers de Couvin sont encore en partie vides, beaucoup d'appareils sans action; on remarque dans ce nombre une belle presse hydraulique, destinée à l'essai des câbles en fer, et une tréfilerie assez considérable. Cet établissement, que j'ai déjà mentionné(1) en traitant de ceux qui marchent à la houille, semble devoir acquérir une nouvelle importance depuis les derniers essais qu'on y a faits pour la fabrication de l'acier de cémentation, avec un fer provenant de l'établissement même. On sait que tous les aciers anglais

---

(1) *Voyez* page 22.

sont obtenus avec des fers étrangers préparés au bois,
et que les fabricants de ce pays possèdent même le mo-
nopole d'une certaine qualité de fer suédois, exclusivement exployé à cette production.

On trouve à Couvin 4 hauts fourneaux, dont 2 en
activité; l'un de ceux-ci, marchant actuellement au charbon de bois, est destiné à recevoir ce combustible mêlé
avec partie égale de bois torréfié. L'appareil dont la
construction s'achève en ce moment est semblable à
celui qui, à Harraucourt, est établi dans le voisinage du
gueulard; à Couvin, ce même appareil, renfermé dans
un four particulier, s'élève à la surface du sol dans un
lieu convenable, choisi dans les environs du haut fourneau. Les gaz du gueulard, attirés par une cheminée
d'appel placée à l'extrémité opposée du fourneau qu'ils
doivent alimenter, descendront refroidis et seront en-
flammés au moment de le parcourir.

Ce fourneau renferme, dans un même corps de maçonnerie, 7 fours partiels disposés successivement sur
une même ligne; chacun de ces fours se compose d'une
caisse rectangulaire en plaques de fonte, qui sera remplie du bois à torréfier mis en morceaux, et en con-
tiendra près d'un stère. Chaque four se trouvant sé-
paré des fours voisins ou des murs de maçonnerie par
des intervalles de $0^m,2$ ménagés autour de ses parois
verticales, cette disposition permettra aux gaz enflam-
més, introduits sous les fours, de les envelopper sur
leurs quatre faces latérales. Les plaques épaisses qui
forment les bases des fours sont établies à $0^m,4$ au-dessus
de la maçonnerie du fond, et forment ainsi un canal,
que traverse le courant gazeux pour atteindre la che-

minée d'appel ; ces plaques, soutenues dans le milieu par de petites colonnes en fonte, ont leurs extrémités engagées dans la maçonnerie par des prolongements qui n'interceptent pas le courant ascendant des gaz ; leur épaisseur est de 7 centim., elles reçoivent dans des rainures les plaques latérales moins épaisses et fixées par des boulons ; les joints sont mastiqués. Les fours, ainsi disposés, se trouvent chauffés par toutes les faces, excepté la partie supérieure qui est adjacente à la maçonnerie et reçoit les chargements de bois par des ouvertures qu'on referme avec des plaques. Les 7 fours sont surmontés chacun d'une petite cheminée, qui reçoit les produits de la distillation par un tube, seule issue offerte au dégagement des vapeurs, et d'un diamètre insuffisant pour donner accès à l'air atmosphérique. Entre ces cheminées on en voit six autres, qui correspondent aux intervalles des fours et servent à attirer une portion des gaz qui viennent ainsi lécher leurs parois latérales ; ces cheminées peuvent être plus ou moins fermées par des taques horizontales en fonte qui font section et qu'on peut mouvoir à volonté par l'extérieur. Des ouvreaux, percés dans la maçonnerie à la face supérieure des fours, servent encore à diriger la distribution des gaz et à la rendre uniforme sur tous les points ; enfin une grande taque verticale, interposée dans le canal qui mène à la cheminée d'appel, lui sert de régulateur. En ce point, la maçonnerie du fourneau s'élevant à une certaine hauteur, est surmontée d'une cheminée en tôle de 11 mètres de haut. En avant du fourneau, à sa face extérieure, sont adaptées encore 7 cheminées sans fond, soutenues par le prolongement

des plaques épaisses qui forment les parois transver-
sales des fours; elles sont ainsi suspendues au-dessus
des étouffoirs ou caisses cubiques en fonte, disposées
à l'extérieur sous les portes de décharge pour recevoir
le bois torréfié; ces cheminées rendent le travail des
ouvriers moins pénible en dirigeant les vapeurs qui en
ce moment s'exhalent avec abondance du produit de
la torréfaction; quelquefois il prend flamme : si le cas
a lieu, on y verse aussitôt une faible quantité d'eau,
qui, se vaporisant immédiatement, ne nuit pas à la
dessiccation; la décharge se fait promptement, moyen-
nant une pelle recourbée; l'étouffoir est aussitôt re-
fermé. Avant de terminer l'opération, qui dure ordinairement six heures, on sonde le bois avec des tiges,
qu'on introduit par des ouvertures spéciales, et l'on
juge par leur enfoncement du degré plus ou moins
avancé de la torréfaction.

Cette description fait voir qu'il est facile de diriger
le tirage du gaz, des ouvertures convenablement disposées fournissent l'air extérieur, nécessaire à la combustion; on peut ainsi modifier à volonté en un point
quelconque de l'appareil le degré de chaleur, qui ne
dépend que de l'abondance des gaz combustibles et
de l'accès plus ou moins facile qu'on fournit à l'air atmosphérique. Tous les fours peuvent être chauffés éga-
lement. On remarquera encore que les gaz ne circulent
pas sur les parois supérieures des fours; l'expérience a
démontré que, malgré cette disposition, la torréfaction
est néanmoins plus avancée dans la région supérieure
de la charge de bois. Le directeur de cet établissement,
qui a beaucoup étudié l'emploi de la torréfaction, se pro-

pose de la pousser jusqu'à 40 p. 100 de perte en poids ; le rendement du minerai, d'après son opinion, doit plutôt augmenter que diminuer, mais l'usage de l'air chaud est indispensable, sa température peut même être élevée au-delà de 300 et 400 degrés.

Le haut fourneau qui marche au charbon de bois à Couvin a 9 ½ mètres de hauteur ; les briques réfractaires qui composent sa chemise ne sont cuites que sur place par l'action même du fourneau ; elles éprouvent ainsi une demi-fusion et se lient en une masse solide et compacte. La charge se compose de 100 kil. de charbon, 257 de minerai et 50 de castine ; le rendement varie entre 36 et 40 p. 100. On fait moyennement 36 charges en 24 heures et généralement 3 coulées de 1000 à 1200 kil. Le fourneau est muni de deux tuyères, chacune à deux buses qui arrivent à l'une d'elles en passant en dessous du haut fourneau. Le minerai, quoique très réfractaire, ne demande que ⅕ de castine à cause des assortiments qui la remplacent. On puise dans un avant-creuset pour le moulage, la coulée a lieu par un trou latéral. Le gueulard est maintenu tellement froid qu'on peut remuer à la main le minerai qu'on y trouve encore humide.

Dans la plupart des hauts fourneaux au charbon de bois de la Belgique, on redoute la présence de la flamme au gueulard et l'excès de chaleur dans la partie supérieure du fourneau : le charbon s'y consume en vain et manque à une certaine profondeur ; le minerai est réduit trop tôt, le fer ne trouvant pas un excès suffisant de carbone pour s'unir immédiatement avec lui, rencontre en descendant la zone oxydante avant d'être ra-

molli, c'est-à-dire à l'état poreux; il reprend alors
l'oxigène, et la marche du haut fourneau se trouve al-
térée; il se forme un produit mixte de fer et d'oxide
qui adhère fortement à la maçonnerie; il en résulte des
engorgements au-dessus de la tuyère : pour les vain-
cre on est obligé quelquefois de démolir une partie de
la maçonnerie ou d'employer un soufflage extraordi-
naire. L'excès de chaleur au gueulard entraîne par suite
une perte considérable de fer dans les laitiers. On m'a
cité à Couvin qu'un des hauts fourneaux de vieille construction, donnant toujours de la flamme au gueulard,
on tenta divers essais infructueux pour y remédier; on
eut enfin l'idée de remplacer une portion de la charge
par du bois cru; ce moyen réussit parfaitement par le
ralentissement qui en est résulté dans la marche. M. Baudelot explique ce fait en supposant que le bois, par sa
carbonisation trop prompte dans le sein même du fourneau, donne un charbon trop friable, qui par ses tas-
sements rend la masse trop compacte et dérange
l'allure du fourneau. D'après son opinion, cette circon-
stance expliquerait l'usage généralement admis de con-
sommer le bois torréfié mélangé de charbon, malgré
que ce composé hétérogène semblerait, au contraire,
devoir introduire de l'inégalité dans les mouvements
de la masse.

On utilise à Couvin la chaleur perdue de l'un des
foyers d'affinage en attirant ses flammes, au moyen
d'une voûte et d'une cheminée d'appel, dans un four
particulier disposé près du foyer. Ce four sert au chauffage préalable de la fonte qui doit être soumise à l'affinage, et obtient par cette opération une économie de

près d'un mètre cube de charbon pour une production de 1000 kil. de fer.

Harraucourt. Ayant visité sur le territoire français le haut fourneau d'Harraucourt, renommé pour la qualité de ses
produits et l'un des premiers où l'emploi du bois torréfié ait été introduit, je terminerai cette notice en
consignant ici les renseignements que j'ai recueillis
dans cet établissement.

Le haut fourneau, d'une hauteur de 8 mètres et
semblable à ceux de la Belgique, marche maintenant
à l'air chaud, élevé à une température de 250 à 300°,
et au bois torréfié mélangé de charbon. La combustion
des gaz qui s'échappent du gueulard y est doublement
utilisée pour l'échauffement de l'air du soufflage et
pour la torréfaction du bois.

J'ai déjà eu l'occasion de parler du procédé employé
pour cette dernière opération à Harraucourt. L'appareil établi depuis près de cinq ans a été décrit d'une
manière très détaillée par M. Sauvage (1). Il se compose
maintenant de dix-sept fours en fonte réunis dans un
même corps de maçonnerie, disposé à la hauteur du
gueulard; ces fours ne sont jamais tous à la fois en activité. Parmi les perfectionnements introduits dans
l'appareil par M. Baudelot, se trouve une disposition
ingénieuse destinée à faciliter le transport au gueulard
des étouffoirs qui reçoivent le bois torréfié à la fin de
l'opération. L'étouffoir chargé, étant saisi par deux
crochets à la hauteur de son centre de gravité, un
homme le remonte facilement au moyen d'un treuil et

---

(1) Mémoire inséré dans les *Annales des Mines*, tome XI.

d'un engrenage, jusqu'à une petite hauteur correspondant à la plate-forme du gueulard ; le treuil, auquel la charge se trouve ainsi suspendue par une chaîne, est adapté à un chariot en fonte, qui, roulant à quelques pieds au-dessus du sol du fourneau sur un chemin de fer, arrive au gueulard où l'étouffoir est renversé pour la décharge. Le bois torréfié à Harraucourt est fortement bruni ; il perd à cette opération un peu plus de 50 pour 100 en poids et de 40 pour 100 en volume. La marche du fourneau est constamment régulière ; la fonte, qui est toujours grise, conserve sa teinte uniforme dans toutes les coulées, sa qualité paraît s'être encore améliorée. Le rendement du minerai a un peu augmenté. La fonte produite est indifféremment employée pour les mouleries et l'affinage.

Le minerai provenant des environs d'Harraucourt est un fer hydraté à petits grains jaunes, et d'un aspect souvent terreux ; il est réfractaire et perd $\frac{1}{5}$ au lavage, il rend moyennement 34 ou 35 pour cent de son poids en fonte grise. Actuellement la composition de la charge est la suivante :

Bois torréfié pesant à l'état brut (5 $\frac{1}{2}$ respes). **227** $\frac{1}{2}$ kilogr.
Charbon de bois (1 $\frac{1}{3}$ respes). 50
Minerai (8 $\frac{1}{4}$ bacs) . . . . 218 $\frac{1}{4}$ (1)
Castine ($\frac{1}{4}$ bacs). . . . . 17 $\frac{1}{4}$

On compte sur 75 kilog. de fonte par charge.

Voici maintenant un résultat comparatif qui met au

(1) La publication du mémoire de **M.** Sauvage étant antérieure à l'introduction du soufflage à air chand, la charge ne portait à cette époque que 187 kilogr. de minerai.

jour les grands avantages obtenus successivement par
l'emploi de la torréfaction et le soufflage à air chaud,
celui-ci n'ayant été introduit à Harraucourt que depuis
un an seulement. Avant l'emploi du bois torréfié,
on consommait, pour produire 1000 kilog. de fonte,
21 stères de bois brut convertis en charbon; plus
tard, quand la composition du combustible fut telle
qu'elle est aujourd'hui, le haut fourneau, marchant encore à l'air froid, n'a absorbé que 14 stères de bois pour produire la même quantité de 1000
kilog. de fonte. L'introduction de l'air chaud a entraîné une nouvelle diminution importante dans la
consommation de combustible : en effet, tant qu'on
soufflait à froid, la quantité de minerai versée dans
une charge n'était que de 7 ½ bacs, maintenant
cette proportion a pu être portée à 8 ½ ou 8 ¾ bacs
de minerai, sans que la dose de combustible ait été
modifiée (1).

La figure 8 représente l'appareil construit à Harraucourt par M. Baudelot son inventeur, pour échauffer
l'air du soufflage par l'inflammation des gaz du gueulard, attirés vers le sol par un ventilateur qu'une
roue hydraulique met en mouvement. Cet appareil se
compose d'un tuyau recourbé à deux branches : l'une
à peu près horizontale sert à la sortie des gaz du haut
fourneau; l'autre verticale les conduit au ventilateur
placé à son pied. Une distribution d'eau froide sur les

---

(1) On conclut de ces deux résultats successifs, que la diminution
totale de la consommation a été de ⅔. Cette proportion offre une concordance frappante avec les vues théoriques. *Voyez* la remarque que j'ai
faite, page 27.

parois extérieures de ces deux suites de tuyaux sert
à condenser les vapeurs d'eau et autres gaz intérieurs.
La branche supérieure des tuyaux communique avec
le haut fourneau par une ouverture pratiquée dans la
chemise à une petite distance de l'orifice du gueulard,
qui, n'étant pas toujours entièrement fermé, pourrait
sans cette précaution introduire de l'air dans l'appareil.

Cette branche a été construite inclinée d'un sur dix
vers le haut-fourneau afin de donner passage à un
autre courant d'eau intérieur qui, s'échappant d'un
entonnoir, est destiné à entraîner les produits des con-
densations et autres dépôts qui se rassemblent dans
cette partie du tuyau, et qui, donnant lieu à la formation d'une matière analogue à l'asphalte, pourraient
causer des obstructions dans l'appareil. Je ferai observer que son inventeur vient de trouver moyen d'éviter
l'emploi du courant d'eau en agrandissant la chambre
placée à l'origine des tuyaux; cette disposition, par le
ralentissement qu'elle occasionne dans le mouvement,
permet à la majeure partie des matières tenues en sus-
pension de se déposer dès la sortie des gaz. Au reste
deux portes ménagées à cet effet permettent de désob-
struer l'intérieur si le besoin s'en fait sentir. — Le ventilateur renfermé dans un tambour a $0^m,83$ de diamètre et $0^m,33$ de largeur; il fait 300 tours par minute
et peut lancer le gaz à d'assez grandes distances. L'effet
de cet appareil à Harraucourt est de chauffer plus de
20 mètres cubes d'air par minute en l'élevant à une
température de près de 300°. Dans la partie inférieure
du tuyau vertical, à côté du ventilateur, se trouvent

deux tampons coniques réunis par une tige verticale, et servant de soupapes ; il suffit de les abaisser en appuyant sur un petit levier inférieur pour arrêter instantanément l'action du gaz, en remplissant le tambour de l'air extérieur. Le sommet du tuyau vertical est fermé par une plaque chargée, qui sert de soupape de sûreté pour prévenir les accidents d'une explosion.

Cet appareil ingénieux, et qui sans doute se perfectionnera, est d'ailleurs susceptible de recevoir d'autres applications, telles que la torréfaction, le puddlage, etc. ; il peut même servir à utiliser les gaz qui s'échappent d'un haut fourneau pour alimenter un appareil quelconque qui réclame l'action du feu, en remplaçant le combustible végétal ou minéral par une sorte de chauffage au gaz. Il sera substitué avec avantage aux appareils au gueulard qui offrent toujours dé graves inconvénients, tant par les constructions qu'ils nécessitent que par leur position incommode qui s'oppose souvent à leur établissement.

Fig. 1

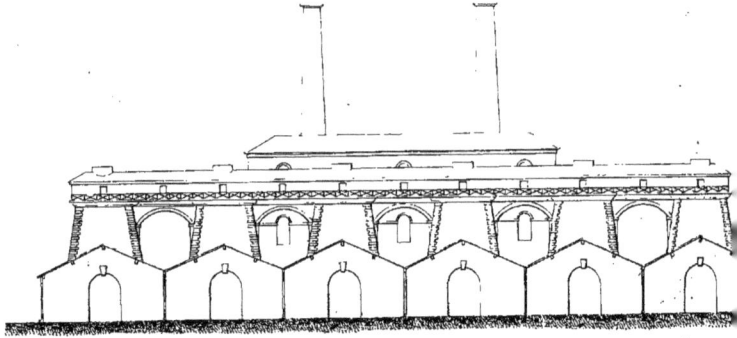

Fig. 2

Echelle de 1 millimètre pour mètre

Dessiné et Gravé par I

Fig. 3.

Coupe par la ligne AB

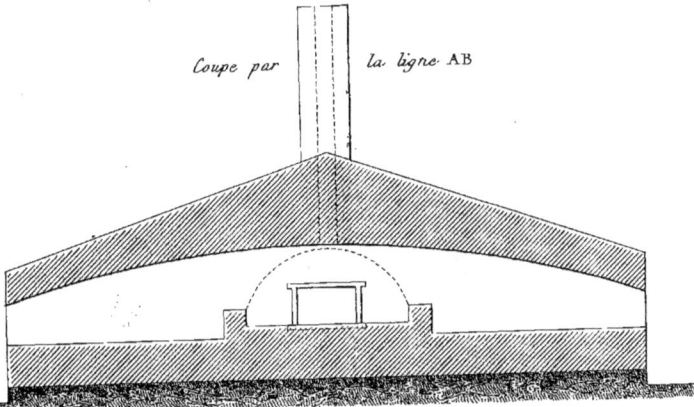

Fig. 4.

B

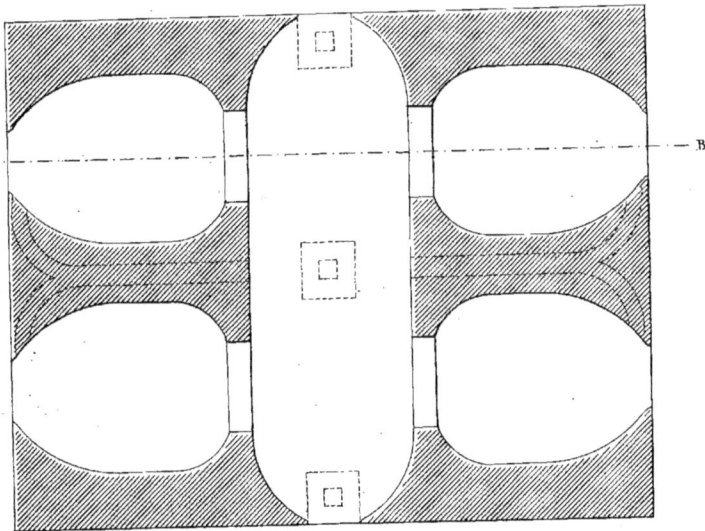

Echelle de 1 centimètre pour mètre.

| | | | | | | | | | | 10 mètres |

Rue des Fossés St Victor, 29. Paris.

Fig. 5.

Coupe par la ligne CDEF.

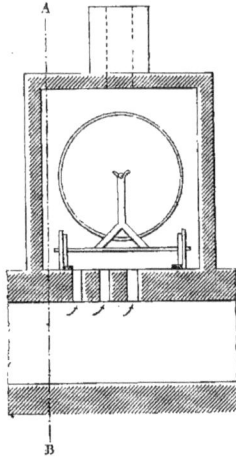

Fig. 6.

Coupe par la ligne AB

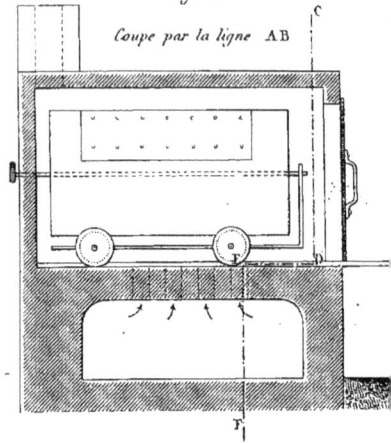

Fig. 7.

B.R

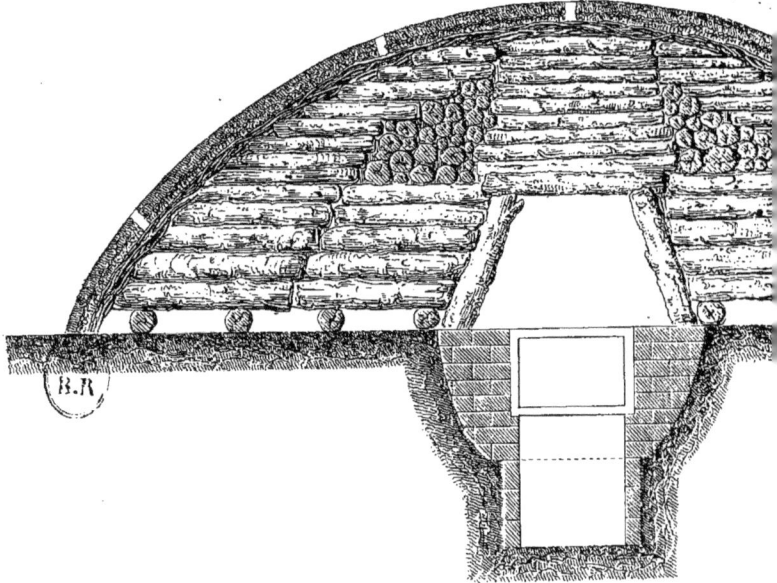

0   1   2

10 20 30 40 50 60 70 80 90

Dessiné et Gravé par H. F

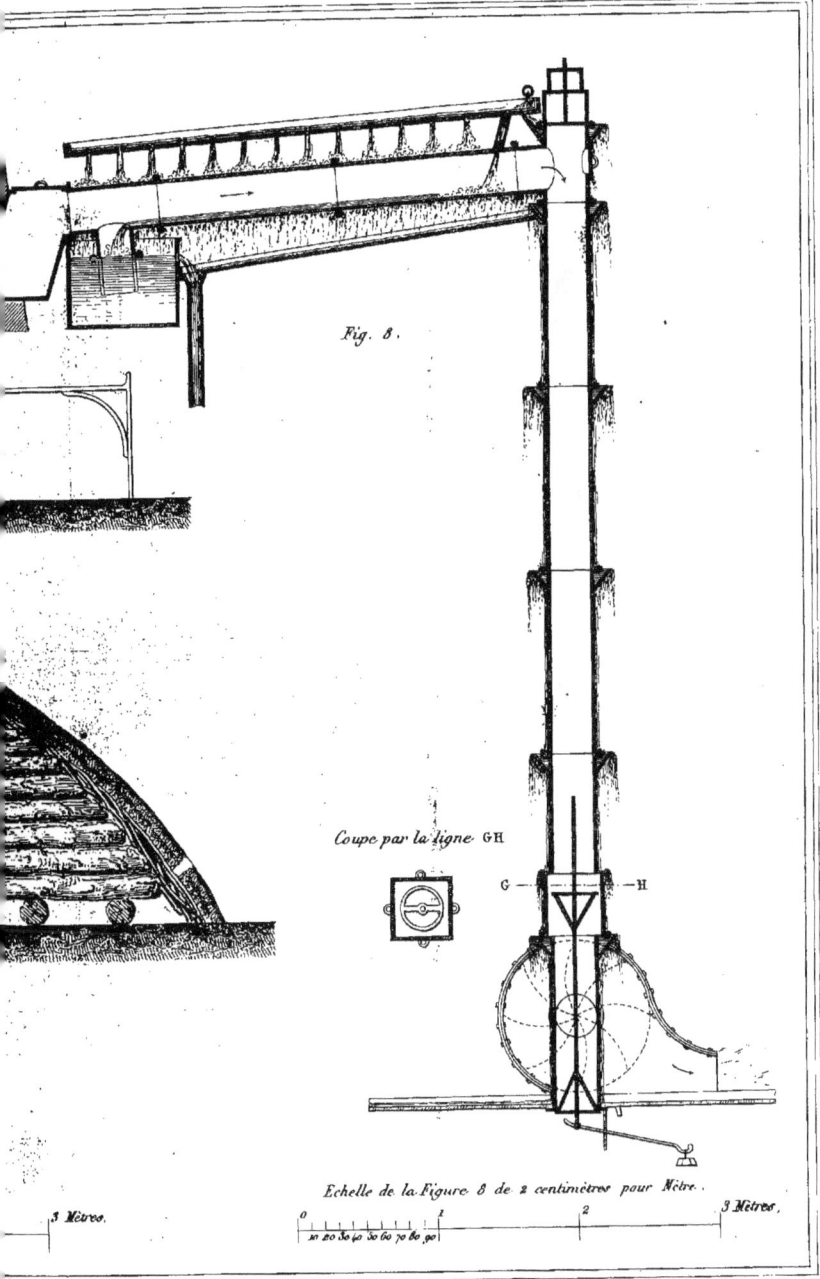

Fig. 8.

Coupe par la ligne GH

G ——— H

Echelle de la Figure 8 de 2 centimètres pour Mètre.

3 Mètres.

0   1   2

10 20 30 40 50 60 70 80 90

3 Mètres.

des Fossés St Victor. 29. Paris.

www.ingramcontent.com/pod-product-compliance
Lightning Source LLC
Chambersburg PA
CBHW032308210326
41520CB00047B/2353